Voorleesverhaal in het Nederlands en in het Eng

Wetenschappelijke studies wijzen uit dat meertalig opvoeden veel meerwaarde biedt in de ontwikkeling van een kind. In lijn met een toenemend aantal basisscholen in Nederland, waar een tweede taal zoals Engels wordt geïntroduceerd vanaf groep 1, bieden wij ouders handvatten om op een leuke manier te leren over andere talen en klanken. In dit boekje leren zij spelenderwijs over taal, dieren en natuurfenomenen zoals zwaartekracht.

Geniet van de magische voorleesmomenten met je kleintje!

Bedtime story in Dutch and English

Scientific research demonstrates the benefits of a multilingual education in the development of a child. As with a growing number of primary schools in The Netherlands, where a secondary language such as English is introduced in 'group 1', we offer parents tools to teach other languages and sounds in an enjoyable way. In this book they learn in a playful manner about language, animals and natural phenomenons such as gravity.

Enjoy the magical moments of reading with you little one!

Dit boek is van / This book belongs to:

HET AVONTUUR VAN DE ZWAARTEKRACHT
AN ADVENTURE CALLED GRAVITY
Ga jij met me mee op avontuur?
Will you join me on adventure?

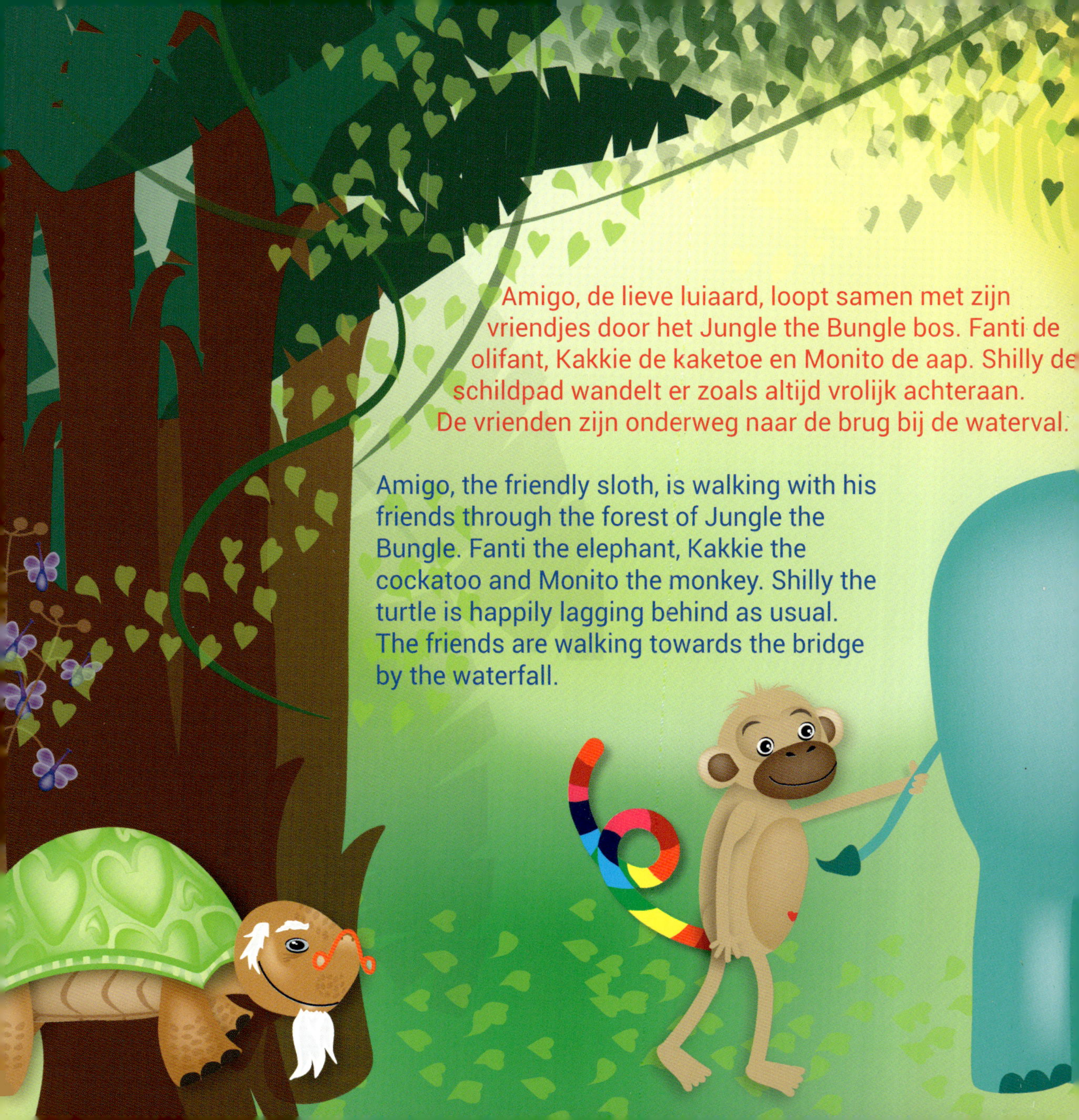

Amigo, de lieve luiaard, loopt samen met zijn vriendjes door het Jungle the Bungle bos. Fanti de olifant, Kakkie de kaketoe en Monito de aap. Shilly de schildpad wandelt er zoals altijd vrolijk achteraan. De vrienden zijn onderweg naar de brug bij de waterval.

Amigo, the friendly sloth, is walking with his friends through the forest of Jungle the Bungle. Fanti the elephant, Kakkie the cockatoo and Monito the monkey. Shilly the turtle is happily lagging behind as usual. The friends are walking towards the bridge by the waterfall.

Als ze bijna bij de waterval zijn aangekomen horen ze Shilly roepen: 'Jongens, kijk eens wat ik kan!' Alle vriendjes kijken naar Shilly. Oh jee. Wat doet hij nu? Hij is bovenop de leuning van de brug geklommen. Dat is gevaarlijk!

As they almost arrive at the waterfall they hear Shilly shout: 'Guys, look what I can do!' All the friends look up at Shilly. Oh dear. What is he doing? He has climbed onto the railing of the bridge. That's dangerous!

Dat kan haast niet goed gaan. En ja hoor, daar glijdt Shilly uit, zó van de brug af! Gelukkig kan hij nog net een groot blad vastpakken. Langzaam dwarrelt Shilly naar beneden. Het blad lijkt wel een parachute!

Surely that is not a good idea. And yes, there he goes, he slips and falls off the bridge! Just before he falls he grabs a big leaf. Shilly slowly swirls down. The leaf works like a parachute.

PLONS! Shilly gaat zo kopje onder.
Dat is even schrikken!
Even later komt hij boven, en dobbert op zijn gemak in het meertje. Een grote glimlach verschijnt op zijn gezicht:
'Zo snel was ik nog nooit beneden.'

SPLASH! Shilly has gone under the water.
What a fright!
A moment later he comes back up, and floats cheerfully on the lake.
A big smile appears on his face:
'I have never flown down so fast.'

Monito kijkt vrolijk: ‘Dat wil ik ook!’ Hij plukt een groot blad van de boom, en springt met een enorme gil naar beneden. ‘WHOEHAAA!’ Het aapje dwarrelt van links naar rechts en landt veilig in het water.

Monito looks excited: ‘I want to do that too!’ He plucks a large leaf from the tree and jumps down with a big whoop. ‘WHOOOHAAAA!’ The little monkey swirls from left to right and lands safely in the water.

Opeens horen ze Fanti trompetteren: 'TATOE!' 'Oh nee. Dat blaadje is veel te klein voor jou,' waarschuwt Amigo. Denk jij dat dat kan, zo'n grote olifant met zo'n piepklein blaadje als parachute? Maar Fanti luistert niet...

'NIET SPRINGEN!' roepen alle dieren tegelijkertijd. Maar het is al te laat, Fanti is naar beneden gesprongen. Als dat maar goed gaat...

Suddenly they hear Fanti trumpet: 'PAWOOOO!' 'Oh no. That leaf is way too small for you,' warns Amigo. Do you think that it is possible for such a large elephant to use such a tiny leaf as a parachute? But Fanti does not listen...

'DON'T JUMP!' all the friends shout together. But it is too late, Fanti has already jumped down. Hopefully it will end well...

Fanti landt met een enorme plons in het water. Een grote golf spettert over alle dieren heen. Iedereen is kleddernat!

Fanti lands in the water with an enormous splash. A big wave swashes over all the animals. Everyone is soaking wet!

'Aha,' roept Fanti, 'dus dat is nou zwaartekracht.'
'Zwaartekracht?', roepen alle dieren. 'Wat is dat?'
'Nou, zwaartekracht betekent dat je nooit naar boven kunt vallen, maar altijd naar beneden.'
'Dat klopt, wat ben je toch een wijze olifant', zegt Amigo.
'Leuk dat we met ons avontuur weer wat nieuws geleerd hebben.'

'Aha,' shouts Fanti, 'so that is gravity.'
'Gravity?', all the animals ask. 'What is that?'
'Well, gravity means that you can never fall up, but only down.'
'That is right, you are a very wise elephant,' says Amigo.
'Great that we have learned something new
from our adventure.'

Uitleg zwaartekracht:
Doordat de aarde als een enorme magneet werkt, valt altijd alles naar beneden, naar het centrum van de aarde. Net zoals Shilly, Monito en Fanti in dit avontuur.

Explanation of gravity:
The Earth works like an enormous magnet, meaning everything falls down towards the centre of the Earth. Just like Shilly, Monito and Fanti in this adventure.

Met zwaartekracht / With gravity

Als er geen zwaartekracht zou zijn, dan zou alles zweven. Kijk maar:

If there was no gravity, we would all float. Have a look:

Zonder zwaartekracht / Without gravity

Wil je het zelf ook proberen? Pak maar iets zachts en laat het vallen.
Blijft het zweven? Of valt het omlaag?

Do you want to try it for yourself? Grab something soft and drop it.
Does it float? Or does it fall down?

Vond jij het ook zo'n leuk avontuur? Tot snel weer in Jungle the Bungle!
Did you like this adventure as well? See you soon in Jungle the Bungle!